ASSOCIATION FRANÇAISE

POUR

L'AVANCEMENT DES SCIENCES

CONGRÈS DE LILLE

1874

PARIS

AU SECRÉTARIAT DE L'ASSOCIATION

76, rue de Rennes.

ASSOCIATION FRANÇAISE

POUR L'AVANCEMENT DES SCIENCES

Congrès de Lille — 1874.

Dr Jules BOUTEILLER
de Rouen.

MA PRATIQUE OBSTÉTRICALE

— Séance du 24 août 1874 —

Il serait à désirer que chaque médecin praticien eût l'habitude de prendre des notes sur tous les cas de quelque importance de sa clientèle civile ; il aurait ainsi des archives précieuses, dont il tirerait, en temps utile, le plus grand parti et dont il pourrait faire profiter ses confrères.

De cette manière, la science n'en serait pas réduite, comme elle l'est le plus souvent, aux seules statistiques nosocomiales.

Combien il serait utile, par exemple, de transcrire, immédiatement après chacun des accouchements pour lesquels on est appelé, tous les détails qui se sont présentés et, — mieux encore, — de continuer jour par jour quelques notes relatives à l'état de chaque femme en couches.

C'est ce que j'ai eu le soin de faire, sans y manquer jamais, depuis vingt-cinq ans que j'exerce la médecine à Rouen, du 1er janvier 1850 au 31 décembre 1874 inclusivement (1).

Je donne ci-après le résumé des nombreuses observations succinctes que j'ai amassées pendant ce laps de temps.

J'ai été appelé pour 346 accouchements en tout.

Sur ce nombre je n'ai rencontré qu'une seule fois une parturition gémellaire. C'était en 1855, le 18 septembre, la femme accouchait pour la troisième fois, elle a mis au monde deux garçons ; le premier est venu en première position du vertex ; le second en deuxième position du vertex. Le premier sorti était chétif, il est né à 10 heures du matin. Le second était fort, il est né à 12 heures. Il y avait deux placen-

---

(1) On a bien voulu m'autoriser à ne livrer mon manuscrit qu'au 1er janvier 1875, afin de me laisser terminer ma vingt-cinquième année. J'en remercie monsieur le secrétaire.

tas entièrement distincts; avant la sortie des placentas, l'utérus, palpé
à travers les parois abdominales, était manifestement bilobé. (Dans le
quatrième *Bulletin de la Société de médecine de Rouen*, 1857, page 9,
se trouve un travail de M. le docteur P. Grout sur les grossesses com-
posées et sur les jumeaux humains à propos d'une note de M. le docteur Baillarger ; un deuxième travail de M. P. Grout, *Union médicale
de la Seine-Inférieure* n° du 15 avril 1866, page 119 ; un troisième travail *loco citato*, n° du 15 juillet 1866, page 203 ; un quatrième travail,
Congrès scientifique de France, 32e session, tenu à Rouen, page 376.)

Voici le relevé de ces 346 accouchements, eu égard aux mois de
l'année :

Janvier	16
Février	26
Mars	26
Avril	25
Mai	31
Juin	35
Juillet	40
Août	33
Septembre	40
Octobre	29
Novembre	21
Décembre	24
TOTAL	346

Je dois dès à présent, pour ne pas sacrifier la clarté de ce qui va
suivre, laisser de côté la couche gémellaire dont j'ai parlé plus haut ;
les nombres vont donc, dorénavant, porter sur 345 accouchements.

Quant au sexe, j'ai eu : 190 garçons.
155 filles

TOTAL. 345

C'est-à-dire : garçons 55.26 0/0
filles. 44.74 0/0

De 1859 inclusivement à 1873 inclusivement, il y a eu, à Rouen,
42,863 naissances, décomposées ainsi :

21.679 garçons,
21.184 filles.

C'est-à-dire : garçons 50.58 0/0
filles 49.42 0/0

Le tableau suivant donne le numéro d'ordre de l'enfant et son sexe :

	Garçons.	Filles.	Total.
Premiers-nés.	62	53	115
Deuxièmes-nés.	43	33	76
Troisièmes-nés.	37	34	71
Quatrièmes-nés	23	11	34
Cinquièmes-nés	11	9	20
Sixièmes-nés	3	3	6
Septièmes-nés	1	3	4
Huitièmes-nés	2	5	7
Neuvièmes-nés.	1	1	2
Dixièmes-nés	2	»	2
Onzièmes-nés	»	»	»
Douzièmes-nés.	1	»	1
Treizièmes-nés.	»	»	»
Quatorzièmes-nés	»	1	1
Quinzièmes-nés	»	»	»
Seizièmes-nés	»	»	»
Dix-septièmes-nés	1	»	1
Dix-huitièmes-nés	1	1	2
Ordre non noté	2	1	3
TOTAUX.	190	155	345

Le vertex s'est présenté 322 fois :

> 270 fois en première position.
> 41 — en deuxième position.
> 11 — en position non déterminée.

Total égal... 322

Pendant le travail, chez une femme accouchant de son cinquième enfant (garçon) en première position du vertex, la main et l'avant-bras se placèrent à droite entre la tête et l'os iliaque ; celle-ci était encore au détroit supérieur, je refoulai cette main et cet avant-bras au-dessus de la tête et je les y maintins jusqu'à une douleur ; alors je reculai doucement mes doigts : la tête descendit un peu, et les parties en procidence précédemment ne sont plus redescendues.

Une fois, j'ai vu manquer le troisième temps (rotation intérieure de la tête) : l'accouchement se faisait en deuxième position du vertex. La tête est restée fortement fléchie ; l'occiput est sorti le premier ; près de la fourchette, il y avait, bien entendu, céphalomatome sur le pariétal gauche, près de la suture bi-pariétale.

La face s'est présentée 4 fois :

        2 fois en position mento-iliaque droite.

        2 — en position non déterminée.

Total égal... 4

J'ai constaté une fois un fait qui m'a fort étonné et que, par consé-
quent, j'ai vérifié avec la plus grande attention. Pratiquant le toucher,
j'ai introduit mon doigt dans la bouche de l'enfant ; celui-ci, étant encore dans l'excavation du petit bassin, a *certainement* sucé mon doigt.
J'affirme qu'il y a eu succion avant la naissance.

Je n'ai eu qu'une seule présentation du tronc ; l'épaule droite s'est
présentée avec procidence du membre ; l'enfant est venu mort, après
une version podalique. — Cinquième couche, — garçon.

Les présentations du siége et des pieds ont atteint le nombre 17,
savoir :

        Du siége. 16

        Des pieds. 1

                     17

Les 16 présentations du siége se décomposent ainsi :

Sacro-iliaques gauches. 9

Sacro-iliaques droites 5

Sacrales ou sacrées, que l'on devrait appeler sacro-sacrées. . 2

                     16

        8 fois c'était un premier enfant.

        3 — c'était un deuxième.

        2 — c'était un troisième.

        2 — c'était un quatrième.

        1 — c'était un cinquième.

        16

Sur ces 16 présentations du siége, il y a eu

        10 garçons.

         6 filles.

        16

        12 fois l'enfant est né vivant.

        4 — l'enfant est mort-né.

        16

Dans un cas de position sacro-iliaque droite, il y a eu procidence du
membre inférieur droit et du cordon (voir aux procidences du cordon).

Dans la seule présentation des pieds que j'aie rencontrée, l'enfant est venu mort; c'était un troisième enfant, un garçon.

En résumé :

322	présentations	du vertex.
4	—	de la face.
1	—	du tronc.
16	—	du siége.
1	—	des pieds.
1	—	non notée (l'enfant étant venu avant mon arrivée).

Total égal... 345

En fait de direction anormale ou entortillement du cordon, j'ai eu :

Cordon passant derrière le cou	31 fois.
— — — le thorax.	1 —
— faisant un tour autour du cou.	16 —
— — deux — —	3 —
— — trois — —	2 —
— passant autour du cou et de l'épaule, sous l'aisselle gauche.	1 —
— partant du placenta pour aller devant la clavicule droite, derrière le cou, puis sous le bras gauche.	1 »
	55 fois.

Deux fois j'ai eu la conviction que la direction du cordon a ralenti le travail; c'était dans un cas où il faisait deux tours autour du cou, et dans le dernier cas du tableau qui précède.

J'ai rencontré quatre fois la procidence du cordon :

A. — Dans le premier cas, c'était une première position du vertex, la mère avait fait une chute huit jours auparavant; ayant reconnu la mort de l'enfant, je n'ai rien fait, ni pour hâter l'accouchement, ni pour réduire le cordon, qui fut à l'état de prolapsus pendant sept heures; à tel point qu'il était ecchymosé. — Neuvième enfant, — garçon.

B. — C'était une position sacro-iliaque droite, le membre inférieur droit et le cordon se mirent en procidence ; mais, à la nature des douleurs et à la marche du travail, je vis que l'accouchement allait bientôt se terminer. Je n'avais rien à faire et ne fis rien. — Quatrième enfant, — garçon.

C. — Première position du vertex. Lors du prolapsus du cordon, la tête était encore au détroit supérieur ; douleurs fréquentes et régulières, mais faibles. Seigle ergoté. Au bout de trois quarts d'heure, issue d'un enfant vivant. — Quatrième enfant, — garçon.

D. — Première position du vertex. Col complétement dilaté, tête encore au-dessus du détroit supérieur, douleurs insuffisantes, pas d'ergot de seigle, mais version dans la crainte que ce médicament n'agisse lentement et que l'enfant ne soit encore trop haut pour appliquer le forceps au bout d'une demi-heure après son administration; enfant vivant. — Sixième enfant, — garçon.

Soit que j'aie prescrit l'ergot de seigle, soit que j'aie été appelé alors qu'il avait été administré, j'ai pu étudier avec soin 18 fois les effets de ce médicament :

Quand l'accouchement, par les seules forces de la nature ou par une opération, s'est terminé une demi-heure après la prise du seigle, l'enfant est venu vivant. . . . . 7 fois.

Trois quarts d'heure après, il est venu vivant, sans opération. . . 1 —

Trois quarts d'heure après, mort, sans opération; il est vrai que l'enfant n'était qu'à 8 mois, et qu'un décollement du placenta avait causé des hémorrhagies avant et pendant le travail. . . 1 —

Une heure après, vivant, sans opération. . . . . 1 —

Une heure après, mort, sans opération. . . . . 1 —

Une heure après, mort, après version et forceps exécutés successivement. . . . . 1 —

Une heure un quart après, mort, sans opération. . . . . 1 —

Deux heures après, vivant, après forceps. . . . . 1 —

Deux heures après, mort, sans opération. . . . . 2 —

Trois heures après, mort, après forceps. . . . . 1 —

Cinq heures après, mort, sans opération. . . . . 1 —

                                        Total égal. . .   18 fois

Dans l'avant-dernier cas, l'enfant était, je pense, déjà mort avant l'administration du seigle, et cela a dû être ce qui a déterminé un de mes confrères, très-habile accoucheur, le regretté docteur Henri Duclos, de Rouen, à donner le seigle alors que la tête était encore restée très-haut.

Le dernier cas mérite plus de détails : j'avais affaire à une dame de 38 ans environ, primipare d'un grand embonpoint, manifestement lymphatique, pusillanime et très-effrayée à l'avance de la perspective d'accoucher. Depuis trois jours elle perdait des eaux et *ne sentait plus remuer son enfant,* lorsqu'elle fut prise dans la nuit du 25 au 26 décembre 1874 des premières douleurs. Dans la journée du 26 je constatai une inertie complète de l'utérus; à 4 heures et demie, le col étant complétement dilaté, je fis prendre deux grammes d'ergot de seigle que j'avais vu piler à onze heures du matin, et qui devait être très-bon, Quoi qu'il en soit, aucun effet ne se produisit; à six heures, je donnai un autre gramme d'ergot que je fis piler devant moi. A partir de ce moment les douleurs furent encore moindres; la malade allant toujours s'affaiblissant, je lui fis prendre à huit heures du soir un potage et un verre de malaga. Sous cette influence, à 8 heures et demie, les douleurs se réveillèrent et l'accouchement naturel a eu lieu à onze heures du soir; l'enfant du sexe féminin, peu développé, est venu en deuxième position du vertex; il était mort. Certaines taches bleuâtres ou lie de vin, et une odeur caractéristique, ne m'ont pas laissé de doute sur le moment de sa mort; elle avait précédé non-seulement l'administration du seigle, mais encore le commencement du travail.

Lors de l'accouchement, il y a eu beaucoup moins de sang que d'usage, et, chose plus remarquable, à partir de la sortie de l'enfant il n'y a eu aucune trace de lochies, pas une goutte de sang; j'ai attribué ce fait au seigle ergoté, d'autant plus que je l'avais donné à haute dose; mais je croyais que le sang apparaîtrait au bout de vingt-quatre à quarante-huit heures, il n'en a été rien.

Le 29, absence encore de lochies, cataplasmes chauds sur la vulve, frictions avec une pommade belladonée.

Le 30, absence de lochies, mêmes moyens, en outre des bains de pieds très-chauds et de l'eau de Pullna. Le soir, même état, mêmes prescriptions. Le 31 décembre et le 1er janvier, fièvre de lait, pas de lochies, le 2, l'eau de Pullna produit son effet, aucun écoulement par le vagin, fin de la fièvre de lait; dans la nuit du 2 au 3 janvier, fièvre, un peu de délire. Le 3, aucune fièvre, la malade se lève quelques heures et prend un peu de nourriture, cette dame s'est parfaitement rétablie malgré la singularité de ses couches.

Dans un seul cas, sur mes 346 accouchements, la céphalotripsie a été la ressource suprême, c'était pour une mauvaise conformation et un rétrécissement du bassin. L'observation détaillée se trouve dans la *Gazette des Hôpitaux*, du 8 juin 1852. Elle peut se résumer ainsi : femme de vingt-cinq ans, primipare et à terme, accouchée d'une fille le 13 mai 1851; diamètre antéro-postérieur du bassin, de 7 centimètres à 7 centimètres 1/2; plus de 3 centimètres de différence entre la hauteur des deux épines iliaques antérieures et supérieures; celle de gauche était plus basse, l'épaule droite était plus élevée que la gauche, enfin, l'angle formé par les axes des deux détroits était plus aigu que dans l'état normal; l'enfant était mort depuis vingt-quatre heures. L'opérateur voulut d'abord percer le crâne avec le ciseau de Smellie; il échoua, la tête remuant au-dessus du détroit supérieur, il fixa la tête avec le céphalotribe, et put après la perforer, etc. Après l'opération il y a eu hémorrhagie, seigle ergoté, etc., guérison à la fin du mois de mai.

Je n'ai eu que six monstruosités :

1. — Imperforation du rectum, mort soixante-douze heures après la naissance (premier enfant, garçon, première position du vertex).

2. — Pied-bot à droite, pied entièrement fléchi sur la jambe et présentant la plante en dehors ; le tibia gauche est concave en dedans (premier enfant, garçon, première position du vertex).

3. — Pied-bot à gauche, plante du pied regardant en dedans et un peu en haut (deuxième enfant, garçon, deuxième position du vertex).

4. — Hydrocéphale? cavité crânienne énorme, offrant à la région frontale un renflement sphérique surajouté au reste de la boîte osseuse; pas d'autopsie (sixième enfant, fille, présentation du vertex, position mal déterminée, accouchement à huit mois, l'enfant n'a vécu que quelques minutes).

5. — Hypospadias affreux. La description se trouve dans l'*Union médicale de la Seine-Inférieure*, année 1863 page 148. Elle peut se résumer ainsi : retrait du raphé du scrotum dont les deux côtés ont la forme de deux grandes lèvres Le prépuce est fendu en dessous, méat urinaire en dessous de la verge, presqu'à sa jonction avec les bourses (premier enfant, garçon, première position du vertex).

6. — Double pied-bot, les deux faces plantaires regardant en dedans (quatrième enfant, garçon, première position du vertex).

L'éclampsie s'est offerte trois fois.

A. — Une femme primipare, à terme, était en travail depuis plus de deux jours; deux heures avant mon arrivée, une sage-femme avait donné de l'ergot de seigle; une heure trois quarts après l'ingestion du médicament, survient une attaque d'éclampsie. Un quart-d'heure après, à mon arrivée, je tente inutilement l'application du forceps, avec lequel cependant je parviens à opérer quelques tractions, je retire le forceps et, peu de temps après, l'accouchement se fait seul. L'éclampsie ne s'est pas reproduite et la femme n'a pas succombé (fille, mort-née, première position du vertex, mais vicieuse).

B. — Une observation très-détaillée de mon second cas se trouve dans le n° du 15 avril 1862 de l'*Union médicale de la Seine-Inférieure*, page 74; je la résume ainsi : c'était une primipare, âgée de 22 ans, à terme. Dans les deux derniers mois de la grossesse, infiltration des extrémités inférieures, le 7 décembre 1860, commencement du travail; le 8, à 2 heures 15 minutes du soir, accès d'éclampsie, à 2 heures 50 minutes, deuxième accès, à 3 heures 25; troisième accès à 3 heures 30, application du forceps, qui amena une fille vivante; à 4 heures 10 minutes, quatrième accès très-intense, mais cela a été le dernier. La malade n'a repris connaissance qu'à quatre heures du matin, c'est-à-dire le 9; guérison complète le 18, quoique aucune médication n'ait été faite. Le 3 février 1864, cette dame, sans éclampsie cette fois, mettait au monde un deuxième enfant, un garçon à terme, viable et vivant, deuxième position du vertex.

C. — Le troisième cas a fait aussi l'objet d'une longue observation que l'on trouvera dans les *Archives générales de médecine*, n° de février 1852 et suivants; c'est la XXXVII⁰ observation d'un mémoire intitulé : *Des convulsions survenues pen-*

dant le travail d'un accouchement à terme; quelles sont les *indications à remplir et les moyens à employer,* par MM. Henri Duclos et Jules Bouteiller, qui, envoyé à la Société de médecine, de chirurgie et de pharmacie de Toulouse, pour le concours de 1851, a valu aux auteurs une mention honorable et le titre de membre correspondant. Cette observation peut se résumer ainsi : en juin 1850, Mme X, âgée de 20 ans, primipare et à terme, a été prise le matin, après une heure à peine de travail, d'un accès d'éclampsie. Au bout de quelques heures deuxième accès, saignée du bras; troisième accès, puis un nombre indéterminé d'accès se renouvelant de demi-heure en demi-heure, rupture des membranes, écoulement de deux litres d'eau, mieux momentané, puis nouveaux accès; deuxième saignée, frictions belladonées sur le col, vésicatoires aux extrémités inférieures, la rapidité de succession des accès augmente; coma, respiration stertoreuse; à 11 heures du soir, version facile, délivrance facile également, écoulement de beaucoup d'eaux, enfant mort-né, du sexe masculin; la connaissance a été presque vingt-quatre heures à revenir, après la délivrance, guérison retardée, il est vrai, par l'œdème des femmes en couches et par une névralgie sciatique.

Je n'ai pas vu plus de deux cas de *phlegmasia alba dolens* sur mes 144 accouchements.

A. — Cette affection est venue compliquer la position déjà fort critique de la jeune dame dont l'observation précède.

B. — L'autre cas a eu lieu chez une femme qui était mariée relativement tard; premier enfant, fille, première position du vertex, concierge logée dans une chambre petite et sans lumière, au rez-de-chaussée et humide.

J'ai eu six décès ainsi répartis :

1° Accouchement à sept mois (deuxième enfant, garçon); mort de la mère, huit jours après, par suite d'une entérite chronique datant de longtemps.

2° Décès par suite de choléra le lendemain d'un accouchement à terme, 30 juin 1854 (deuxième enfant, garçon, première position du vertex).

3° Métropéritonite (troisième enfant, garçon, première position du vertex).

4° Métropéritonite, accouchement le 19 mars 1855, morte le 24 du même mois (troisième enfant, garçon, première position du vertex).

5° Mort subite au vingt-septième jour (troisième enfant, garçon, mort-né, venu par les pieds), pas d'autopsie.

6° Mort subite quelques jours après l'accouchement (troisième enfant, garçon, première position du vertex), pas d'autopsie.

A propos de la mortalité, je crois devoir résumer en peu de mots un cas heureusement bien exceptionnel; une jeune femme mariée à la fin de 1864, ou au commencement de 1865, alors qu'elle était déjà atteinte d'une maladie très-grave du genou droit, devient bientôt enceinte; l'affection (encéphaloïde du périoste), n'en marche que plus rapidement. On est forcé de lui faire l'amputation de la cuisse (25 mai 1865), la gros-

sesse continue sans aucune particularité, accouchement à terme tout à fait
normal le 29 novembre 1865, présentation du siége en position sacro-
iliaque gauche, enfant du sexe féminin; pendant l'accouchement j'ai re-
marqué que les douleurs utérines étaient atroces, énormément plus fortes
que d'ordinaire. Cette malheureuse femme, en proie à la plus inexorable
des diathèses, a été victime d'une récidive, à la fesse droite, à la han-
che, etc.; elle a succombé le 23 avril 1867. Sa fille vit et se porte très-
bien (1874).

Il y a trop de points divers effleurés dans cette courte communication
pour que j'aie la prétention de formuler des conclusions. Je laisse mes
confrères tirer celles qui leur paraîtront possibles.

ASSOCIATION FRANÇAISE

POUR L'AVANCEMENT DES SCIENCES

EXTRAIT DES STATUTS ET RÈGLEMENT

Votés par l'Assemblée Générale du 27 Août 1874

STATUTS.

Art. 4. — L'Association se compose de membres fondateurs et de membres ordinaires; les uns et les autres sont admis, sur leur demande, par le Conseil.

Art. 5. — Sont membres fondateurs les personnes qui auront souscrit à une époque quelconque une ou plusieurs parts du capital social : ces parts sont de 500 francs.

Art. 7 — Tous les membres jouissent des mêmes droits. Toutefois les noms des membres fondateurs figurent perpétuellement en tête des listes alphabétiques, et les membres reçoivent gratuitement pendant toute leur vie autant d'exemplaires des publications de l'Association qu'ils ont souscrit de parts du capital social.

RÈGLEMENT.

Art. 1er. — Le taux de la cotisation annuelle des membres non fondateurs est fixé à 20 francs.

Art. 2. — Tout membre a le droit de racheter ses cotisations à venir en versant une fois pour toutes la somme de 200 francs. Il devient ainsi membre à vie.

La liste alphabétique des membres à vie est publiée en tête de chaque volume, immédiatement après la liste des membres fondateurs.

Les souscriptions sont reçues :

Au Secrétariat, 76, rue de Rennes;

Chez M. Masson, *trésorier*, 17, place de l'École-de-Médecine.

Les souscriptions des membres fondateurs peuvent être versées en une seule fois,
ou en deux versements de chacun 250 francs.